BEI GRIN MACHT SICH IHR WISSEN BEZAHLT

- Wir veröffentlichen Ihre Hausarbeit, Bachelor- und Masterarbeit

- Ihr eigenes eBook und Buch - weltweit in allen wichtigen Shops

- Verdienen Sie an jedem Verkauf

Jetzt bei www.GRIN.com hochladen und kostenlos publizieren

GRIN

OPTIK.
Geschwindigkeitsmessung mit dem Laser (Lichtradar)

Bibliografische Information der Deutschen Nationalbibliothek:

Die Deutsche Nationalbibliothek verzeichnet diese Publikation in der Deutschen Nationalbibliografie; detaillierte bibliografische Daten sind im Internet über http://dnb.d-nb.de abrufbar.

ISBN: 9783346645449
Dieses Buch ist auch als E-Book erhältlich.

Druck und Bindung: Books on Demand GmbH, Norderstedt Germany
Gedruckt auf säurefreiem Papier aus verantwortungsvollen Quellen

Das vorliegende Werk wurde sorgfältig erarbeitet. Dennoch übernehmen Autoren und Verlag für die Richtigkeit von Angaben, Hinweisen, Links und Ratschlägen sowie eventuelle Druckfehler keine Haftung.

Das Buch bei GRIN: https://www.grin.com/document/1195848

OPTIK – Geschwindigkeitsmessung mit dem Laser (Lichtradar)

Inhaltsverzeichnis

Abbildungsverzeichnis

Abkürzungsverzeichnis

NIR	Nahinfrarot
p-n-Übergang	positiv-negativ-Übergang
UV	Ultraviolett
VIS	Visible, also sichtbar

1 Einleitung

Das Wort Laser hat jeder schon mal gehört und wahrscheinlich auch benutzt. Jeder denkt dabei an etwas Anderes: Die einen an einen Laser Pointer, andere an das Lasern der Augen und wieder andere an die Laser Schwerter aus dem berühmten Science Fiction Hit ‚Star Wars'. Obwohl es noch gar nicht so unglaublich lange her ist, dass der erste Laser gebaut wurde sind sie bereits so vielseitig einsetzbar, dass sie inzwischen in allen Bereichen unseres Lebens Verwendung finden. Die Einsatzbereiche reichen von der Medizin, über die Kunst, Technik und Informatik, aber auch die Biotechnologie und sogar in die Musik. Laser nehmen also einen großen Stellwert in der Wirtschaft, sowie aber auch im Privatleben dar, weshalb das Thema auf jeden Fall aktuell ist. Jedoch sind sich die wenigsten Menschen wirklich bewusst darüber, oder machen sich Gedanken darüber wie ein Laser überhaupt funktioniert. Dabei ist das Grundsätzliche Prinzip denkbar einfach.

Diese Hausarbeit soll also das Thema „Laser" näher Betrachten und den Lesern näherbringen. Schließlich wird vor allem auf die Geschwindigkeitsmessung mit dem Laser eingegangen, wie sie uns aus dem Straßenverkehr bekannt ist. Dafür wird nicht nur erklärt was ein Laser ist und wie er funktioniert, sondern es sollen auch die folgenden Forschungsfragen beantwortet werden:

- Welche Lasertypen gibt es und wie ist deren Verwendung?
- Welche mathematischen und physikalischen Gesetze gelten bei Lasern?
- Wie funktioniert die Geschwindigkeitsmessung mit dem Lichtradar?

Um diese Fragen am Ende der Hausarbeit beantworten zu können werden zu Beginn die Grundlagen rund um den Laser ausgearbeitet. Hier werden einige Grundlegende Begriffe geklärt und auch auf die grundlegende Funktionsweise des Lasers eingegangen. Danach werden verschiedene Lasertypen vorgestellt, die Unterschiede dargelegt und auch auf die Verwendungsmöglichkeiten eingegangen. Mit diesen Grundlagen werden schließlich die geltenden Gesetze der Physik und der Mathematik angeführt und kurz erläutert wieso diese beim Laser heranzuziehen sind.

Danach wird dann das Augenmerk auf das Thema Geschwindigkeitsmessung mit dem Lichtradar gesetzt. Zunächst wird erklärt wie das ganze eigentlich funktioniert. Zur Veranschaulichung erfolgt dann auch eine Beispielrechnung zu diesem Thema. Zu guter Letzt folgt das Abschlusskapitel, in welchem zunächst die wichtigsten Erkenntnisse zusammengefasst werden. In diesem letzten Kapitel sollen außerdem die Forschungsfragen abschließend beantwortet werden. So bekommt ein Leser dieser Hausarbeit einen guten Überblick über die Funktionsweise, Einsatzmöglichkeiten und Verwendung von Lasern

2 Laser: Grundlagen

Um zu verstehen warum Laser so vielfältig einsetzbar sind ist es wichtig zunächst einige Grundlagen zu verstehen. Außerdem ist es auch interessant ein wenig in die Geschichte des Lasers einzusteigen. Diese zwei Punkte werden nun im folgenden Kapitel behandelt.

Was ist also ein Laser? Der Name an sich ist tatsächlich eine Abkürzung, sie steht für „Light Amplification by Stimulated Emission of Radiation". Komplett ausgeschrieben verrät der Name also schon worum es bei einem Laser eigentlich geht, nämlich um eine Lichtverstärkung, welche durch stimulierte Strahlungsemmission herbeigeführt wird (*Was ist Laserstrahlung?*, 2020). Das Wort Laser wird seit ungefähr 1965 verwendet, obwohl die Erfindung schon auf fünf Jahre zuvor datiert wird.

Viele sind der Meinung den Grundstein setzte im Jahr 1917 Albert Einstein mit seinen Forschungen zur Quantenmechanik der Strahlung, welche über die Jahre von den hellsten Köpfen weiterentwickelt, bzw. untersucht wurden. Tatsächlich beschäftigte er sich mit einer Theorie Max Plancks zur Strahlung heißer Körper und kam in seiner Theorie zu ähnlichen oder sogar gleichen Ergebnissen (Eichler & Eichler, 2013, S. 6f). Schließlich gelang es jedoch dem US-amerikanischen Physiker Theodore Maiman im Jahr 1960, also über 40 Jahre später, tatsächlich den ersten Laser zu bauen. Dieser verwendete einen Rubinstab als Lasermedium. Als Resonator verwendete Maiman zwei parallel verspiegelte Stirnflächen und als Pumpquelle zur optischen Anregung eine Blitzlampe. Inzwischen wird der Laser durchaus zu einer der Wichtigsten Erfindungen des 20. Jahrhunderts gezählt, denn die Einsatzmöglichkeiten sind zahlreich(Kneubühl & Sigrist, 2008, S. 9-12). Doch wie funktioniert ein Laser überhaupt?

Ein Laser erzeugt Laserstrahlen, welche wie Licht oder Radiowellen elektromagnetische Wellen sind. Von Licht unterscheiden sich Laserstrahlen vor allem durch die Kombination aus hoher räumlicher und Zeitlicher Kohärenz, sowie einer Monochromasie des Lichtes. Es zeichnet sich zudem durch eine hohe Intensität aus und ist geeignet zur Erzeugung ultrakurzer Lichtimpulse (Sigrist, 2018, S 53).

Aber was sind elektromagnetische Wellen eigentlich? Bei elektromagnetischen Wellen entfernen sich sowohl elektrische, als auch magnetische Wechselfelder mit Lichtgeschwindigkeit von der Quelle. Lichtgeschwindigkeit beträgt 300.000 km pro Sekunde. Dabei stehen die stehen die elektrischen Wellen senkrecht auf den magnetischen Wellen (Hering, 2017, S. 181f).

Abbildung 1: Elektromagnetische Wellen

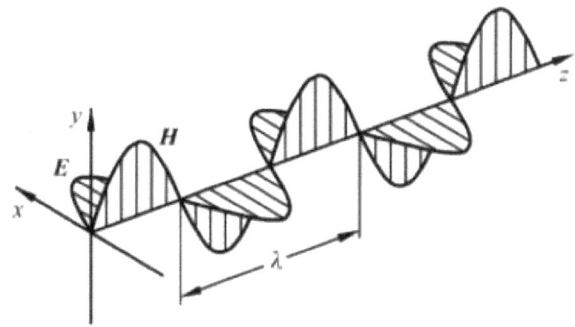

Diese Abbildung zeigt, wie sich die elektrischen Wellen (E) auf der x-Achse bewegend in Richtung z ausbreitet, während die Magnetischen Wellen (H) senkrecht dazu auf der y-Achse verlaufen. Zur Veranschaulichung wird hier eine polarisierte Welle gezeigt. Es ist quasi die Momentaufnahme eines Photons.(Quelle: Hering, 2017, S. 181-186).

Auf der Abbildung sieht man die schematische Darstellung einer elektromagnetischen Welle. Die Abstände zwischen den einzelnen Wellenbergen werden bezeichnet als die Wellenlänge.[1] Je nach Wellenlänge hat die Strahlung eine andere Farbe. Laserlicht zeichnet sich wie schon erwähnt durch Monochromasie aus. Das bedeutet, dass alle Photonen eines Laserstrahles die gleiche Wellenlänge aufweisen. Bei anderen Lichtquellen senden die Atome unabhängig voneinander in unregelmäßigen Abständen verschiedene Photonen ab, welche durchaus unterschiedliche Wellenlängen aufweisen. Somit weist z.B. Sonnenlicht ein sehr breites Farbspektrum auf. Auch fächern sich bei anderen Lichtquellen die einzelnen Strahlen auf, je weiter sie sich von der Quelle entfernen, da sie ungerichtet in die Umgebung abgegeben werden. Ein Laserstrahl hingegen ist hochgradig gebündelt und gerichtet. Das ist die schon angesprochene räumliche Kohärenz. Die zeitliche Kohärenz beschreibt im Wesentlichen, dass die Strahlen lange Zeit Phasengleich, also quasi parallel verlaufen, manche Laser weisen sogar eine zeitliche Kohärenz von mehreren Kilometern auf (Eichler & Eichler, 2013, S. 207f; Hering, 2017, S. 238ff).

Der Aufbau von Lasern ist denkbar einfach. Es gibt drei wesentliche Bestandteile: ein laseraktives Medium, eine Energiepumpe und außerdem ein optischer Resonator. Das laseraktive Medium kann dabei ein Gas, ein Festkörper oder eine Flüssigkeit sein. Das Medium wird über die Energiepumpe angeregt. Der Resonator besteht aus zwei Spiegeln. Der eine Spiegel reflektiert im Optimalfall 100% der eintreffenden Strahlung, während der andere Spiegel teilweise durchlässig ist und den aus dem Resonator austretenden Laserstrahl durchlässt (Bäuerle, 2009).

---

[1] Wellenlänge = Schallgeschwindigkeit / Frequenz, $\lambda = c \ / \ f$ (Eichler & Eichler, 2013)

Abbildung 2: Beispieldiagramm

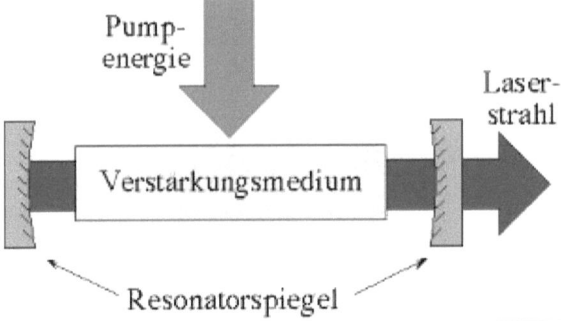

In dieser Darstellung des Aufbaus eines Lasers befindet sich der perfekte Spiegel auf der linken Seite, während der rechte Spiegel teilweise durchlässig ist. (Quelle: Wynands, 2008).

Während ursprüngliche Lichtquellen, wie die Sonne oder eine Glühbirne auf dem Prinzip der spontanen Emission beruhen, ist bei Lasern die stimulierte Emission entscheidend. Durch die zugeführte Energie erreicht das Lasermedium einen Zustand höherer Energie, zum Beispiel durch die Anregung von Elektronen in der Substanz, oder durch die Anregung von Schwingungen. Wenn das Medium nun wieder in den ursprünglichen Zustand zurückkehrt kann es ein Photon der Energie abgeben, was auch Emission heißt (Bäuerle, 2009). Um den Unterschied zwischen einer spontanen und einer induzierten Emission zu verstehen ist die Arbeit Albert Einsteins wichtig. Dieser Unterschied in seinen Arbeiten zur Quantentheorie der Strahlen drei Möglichkeiten wie Atome auf Strahlung reagieren: Absorption, spontane Emission und stimulierte oder induzierte Emission. Eine genaue Erklärung und mathematische Berechnung erfolgt im nächsten Kapitel. Wichtig für die Funktion eines Lasers ist, dass die Wahrscheinlichkeit einer stimulierten Emission größer sein muss, als die Wahrscheinlichkeit einer Absorption (Radloff, 2010, S. 2, 42).

Die emittierten Strahlen sind zunächst nicht gerichtet und zunächst auch nur einige wenige. Der Resonator wirft die Strahlen jedoch zurück auf das Medium & richtet sie dabei gleichzeitig aus. Die zurückgeworfenen Photonen sorgen dabei für weitere stimulierte Emissionen, sodass gleich einer Kettenreaktion immer mehr Photonen erzeugt werden (Radloff, 2010, S. 2, 42).

Eine optimale Ausrichtung und ein richtiger Abstand der Spiegel sind hier besonders wichtig. Beträgt dieser einem Ganzzahligen Mehrfachen der halben Wellenlänge des Laserlichtes wird das Laserlicht zudem durch konstruktive Interferenz[2] verstärkt. So entsteht schließlich der Laserstrahl, welcher durch den teildurchlässigen Spiegel austritt.

---

[2] Konstruktive Interferenz ist die Verstärkung der Intensität, wenn zwei Wellensysteme (hier zwei Laserwellen) mit einer Phasendifferenz von 0 aufeinandertreffen (Bammel, 1998)

3 Besatzungsinversion

Wie schon in Kapitel 2 erwähnt, ist für die Funktion eines Lasers essentiell, dass die Wahrscheinlichkeit einer stimulierten Emission über der einer Absorption liegt. Die Absorption beschreibt den Vorgang der Anregung des Atoms. Das Atom absorbiert die eintreffende Strahlung und erreicht einen Zustand höherer Energie. Atome Tendieren dazu in ihren Ursprünglichen Zustand zurückzukehren, was zu einer spontanen Emission führen kann. Bei dieser gibt das Atom die überschüssige Energie in Form von Strahlung wieder ab und kehrt zurück in den Ursprungszustand. Dadurch hat sich die Strahlung allerdings noch nicht vermehrt, das geschieht nur bei einer induzierten Emission. Hier befindet sich das Atom bereits im angeregten Zustand und wird von Strahlung getroffen. Das Atom verfällt in seinen ursprünglichen Zustand und gibt dabei ein zusätzliches Photon ab, welches identisch zum eingefallenen Photon ist. Es hat die gleiche Energie und Wellenlänge. Die Bedingung für ein gelingen ist, dass eine Besetzungsinvasion vorliegt, also sich mehr Atome im angeregten Zustand befinden, als im nicht angeregten (Radloff, 2010, S. 4, 42ff).

Zur Veranschaulichung zeigt diese Abbildung zwei Energieniveaus in einem Atom, wobei E1 den Grundzustand darstellt und E2 den angeregten Zustand. B12, A21 und B21 sind die sogenannten Einsteinkoeffizienten. Die Formeln unter den Darstellungen stellen die Wahrscheinlichkeit des jeweiligen Ereignisses dar Wobei N die jeweilige Teilchenzahl angibt und u(v) die Energiedichte.

Abbildung 3: Besetzung des Energieniveaus

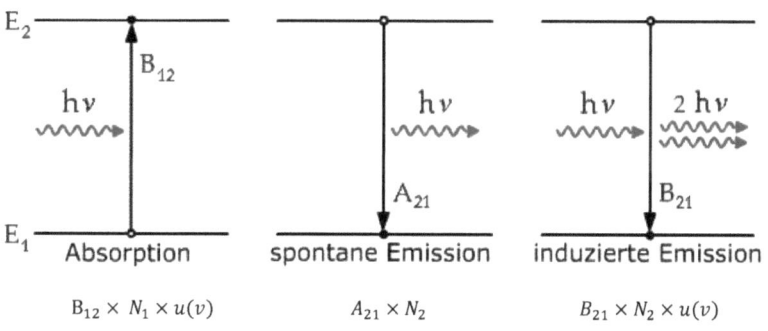

Die beiden Energieniveaus unterscheiden sich im den Energiebetrag E_2-E_1=hv. (Quelle: Wynands, 2008).

Im stationären Gleichgewicht erfolgen gleich viele Elektronenübergänge von E 1 nach E 2 wie von E 2 nach E 1 pro Zeiteinheit.

Daher gilt: $B_{12} \times N_1 \times u(v) = A_{21} \times N_2 + B_{21} \times N_2 \times u(v)$

Im thermischen Gleichgewicht ist die Zahl der Atome höherer Energiezustände geringer, als die niedriger Energiezustände($N_1 > N_2$.). Die Verteilung der Teilchen wird in der statistischen Thermodynamik durch die Boltzmann-Verteilungsfunktion beschrieben (Haferkorn, 2003, S. 110ff):

$$\frac{N_1}{N_2} = \frac{e^{-E_1/kT}}{e^{-E_2/kT}} = e^{-(E_2-E_1)/kT} = e^{-h\nu/kT}$$

Die Boltzmann Konstante wird hier durch das k dargestellt, T ist die absolute Temperatur. Die Exponentialfunktion kann nie größer 1 sein, da die Energielücke stets größer 0 ist, was bedeutet, dass sich im thermischen Gleichgewicht stets weniger Teilchen im höheren Energiezustand sind, als im niedrigen Energiezustand($N_1 > N_2$.). Daher muss die Besetzungsinversion künstlich herbeigeführt werden. Die Umsetzung eines stabilen Lasers ist daher im 2-Niveau-System nicht möglich, weshalb sie in einem drei- oder mehr-Niveau-System gebaut werden. Ein Rubinlaser ist z.B. ein Drei-Niveau-System (Haferkorn, 2003).

Abbildung 4: Drei-Niveau-System

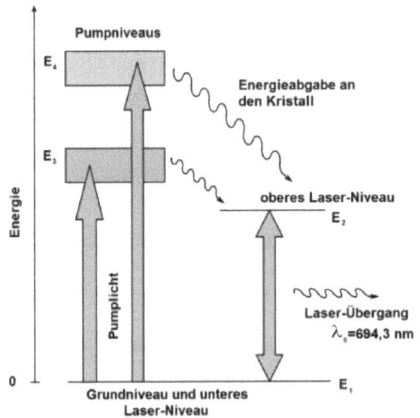

Die Abbildung zeigt ein stark vereinfachtes Schema des Energieniveauschemas des Rubinlasers. Das nicht angeregte Chrom-Atom befindet sich im Grundzustand. Durch Pumpen gerät es in den angeregten Zustand E_4 (falls mit blauem Licht gepumpt wird) bzw. E_3, falls mit grünem Licht gepumpt wird. (Quelle: Schulz & Tschentscher, o. J.).

Das Laseraktive Atom befindet sich im Grundzustand E_0 und wird durch Pumpen in einen höheren Zustand E_3. Dabei muss die Pumpenergie[3] mit der Energiedifferenz der beiden Niveaus, übereinstimmen (E_3-E_0). Da die Lebensdauer dieses Zustands sehr kurz ist wechseln die Atome schnell, ohne Abgabe von Strahlung in den metastabilen Zustand des oberen Laserniveaus E_2. Dieser Vorgang wird Relaxion genannt. In diesem Zustand verweilen sie etwas länger und reichern sich so an. Dadurch entsteht die Besetzungsinversion, was die Möglichkeit bietet durch weiteres Pumpen eine stimulier-

---

[3] Die Energie eines Photons ist definiert als das Produkt aus der Plack-Konstanten und der Frequenz des Photons.

te Emission zu erzeugen. Durch diese kommt es schließlich zum Laser-Übergang zurück ins Grundniveau E_0 (Schulz & Tschentscher, o. J.).

Ist diese Besetzungsinversion geschehen, ist die erste Laserbedingung gegeben. Die zweite Bedingung ist schließlich ebenfalls ganz logisch. Die Verstärkung des Strahlenfeldes durch die stimulierte Emission muss die etwaigen Verluste natürlich übertreffen. Diese Verluste können z.B. beim Resonator Durchgang durch Beugungs- oder Streuverluste zustande kommen. Auch bei der Reflexion am Spiegel kann es zu geringen Verlusten kommen, sowie natürlich die Auskopplung am teildurchlässigen Spiegel (Haferkorn, 2003, S. 110ff).

4 Laserarten und deren Verwendung

Seit im 1960 der erste funktionstüchtige Laser mit einem Rubin als Lasermedium gebaut wurde hat sich so einiges getan. Heutzutage gibt es viele verschiedene Laservarianten. Typischerweise kann man die Unterscheidung nach zwei Kriterien vornehmen. Zum einen eignet sich eine Einteilung nach dem Aggregatzustand des Lasermaterials, oder generell nach dem Lasermaterial, zum anderen kann man Laser aber auch nach der Art der Anregung des Lasermaterials, die sogenannte Inversionserzeugung, unterscheiden. Die Energie, welche zur Anregung notwendig ist kann auf verschiedene Weise zugeführt werden, welche hier nur der Vollständigkeit halber aufgelistet werden (Eichler & Eichler, 2007, S. 54):

- Optisch gepumpte Laser: Anregung durch die Einstrahlung von Licht
- Elektronenstrahlgepumpte Laser: Anregung durch Teilchenstrahlen, z.B. durch Elektronen
- Gasentladungslaser: elektrische Energiezufuhr regt Gase an
- Injektionslaser: Halbleiter können durch Stromdurchgang angeregt werden
- Chemische Laser: eine Chemische Reaktion regt das Lasermaterial an
- Nuklear gepumpte Laser: Durch Strahlung aus einem Atomreaktor

Eine weitere Möglichkeit wäre die Einteilung nach Betriebsart. Hier wird zwischen Dauerstrichlasern (cw-Lasern), Kurzpulslasern und Ultrakurzpulslasern unterschieden. In dieser Hausarbeit wird jedoch, wie auch in der meisten Literatur eine Einordnung nach dem Lasermedium vorgenommen. Genauer wird im Folgenden auf Gaslaser, Farbstofflaser, Chemische Laser, Free-Electron Laser und Feststofflaser, sowie auf Halbleiterlaser, welche genaugenommen auch zu den Festkörperlasern gehören (Gerhard, 2016, S. 196).

Das Lasermedium bei einem Gaslaser ist wie der Name schon andeutet ein Gasgemisch. Dieses wird elektrisch durch Gasentladung gepumpt und lässt sich je Gemisch auf ein großes Spektrum verschiedener Laserwellenlängen realisieren, welches von ultraviolett bis infrarot reicht. Somit kann mit Gaslasern beinahe die gesamte Farbpalette abgedeckt werden. Um das zu erreichen befinden sich neben dem laseraktiven Gas noch andere Gase im Resonator, welche das laseraktive Gas durch Stöße anregen sollen. Ein Beispiel ist hier der Kohlenstoffdioxidlaser (CO_2- Laser), in welchem sich außer CO_2 auch noch Stickstoff (N) und Helium (He) befinden (Gerhard, 2016, S. 196). Die Anschaffungs- und Betriebskosten für CO_2 Laser sind sehr gering, zudem sind sie sehr Leistungsstark, was sie Beliebt in der Materialverarbeitung macht. Zu den Einsatzmöglichkeiten zählen zum Beispiel das Schneiden, Bohren und Schweißen in der Automobilindustrie (Bäuerle, 2009). Neben CO_2 eignen sich jedoch generell die meisten Gase als Lasermedium, vor allem aber Edelgase. Eingeteilt werden Gaslaser in Neutralatomlaser (z.B. He-Ne), Ionenlaser (z.B. Argon$^+$), Moleküllaser (CO_2) und Excimerlaser (z.B. KrF). Außer für die Materialverarbeitung gehören zu den Einsatzmöglichkeiten z.B. für He-Ne- Laser auch Justierarbeiten, Messtechnik, Holographie, optische Inspektion oder eine Anwendung in der Biologie. Für die Meisten Menschen ist das alltagsnächste Beispiel wohl der Einsatz in Strichcodelesern. Auch in der Medizin finden Gaslaser Anwendung, so helfen Arganlaser bei der Laserchirurgie und Dermatologie, sie sind aber auch ein bevorzugtes Hilfsmittel bei Laserdruckern und Lasershows (Sigrist, 2018, S. 223-236).

Ein spezieller fluoreszierender, organischer Farbstoff, in einer geeigneten Flüssigkeit gelöst, wird als Lasermedium bei einem Farbstofflaser verwendet. Durch optisches Pumpen können Farbstofflaser je nach Pumpwellenlänge und verwendetem Farbstoff vom UV bis in den NIR- Bereich arbeiten (Gerhard, 2016, S. 196). Der erste Laser dieser Art wurde im Jahr 1966 gebaut. Seither wurde bei über 500 verschiedenen Farbstoffen die Eignung zum Lasermedium beweisen, jedoch eignen sich nur wenige davon für einen kontinuierlichen Laserbetrieb. Farbstofflaser werden oft auch durch einen Pump-Laser angeregt, was höhere Spitzenleistungen erlaubt. Angewendet werden Farbstofflaser vor allem in der Dermathologie, oder der Spektroskopie zur Untersuchung von Atom- und Molekülzuständen (Barth, 1999).

Ein Festkörperlaser beinhaltet als laseraktives Medium in der Regel einen dotierten Kristall oder Glaskörper. Festkörperlaser werden optisch durch Blitzlampen oder andere Laserquellen gepumpt. Die Laserwellenlänge liegt typischerweise im Sichtbaren Bereich, reicht jedoch teilweise auch ins nahe Infrarot. Nur durch Frequenzvervielfachung können Festkörperlaser auch im ultravioletten Bereich arbeiten (Gerhard, 2016, S. 196). Zu den Vorteilen von Festkörperlasern gehört, dass sie zur Wartung nur geringe Standzeiten erfordern und außerdem, anders als manche Gaslaser, kein giftiges Lasermedium enthalten. Das macht sie zu beliebten Lasern in der Materialbearbeitung. Ein Beispiel hierfür sind Titan-Saphir-Laser, welche zu den gebräuchlichsten Kurzpulslasern gehören und sowohl in der Materialbearbeitung als auch in der Forschung gerne eingesetzt werden (Bäuerle, 2009).

Halbleiterlaser gehören eigentlich zu den Festkörperlasern, da das verwendete Laser-material auch einen festen Aggregatzustand haben. Jedoch haben sie im Gegensatz zu Kristalllasern deutlich unterschiedliche Eigenschaften, weshalb sie hier gesondert aufgeführt werden. Halbleiter mit einem p-n-Übergang werden als aktives Medium verwendet und mit elektrischem Strom gepumpt. Halbleiterlaser schaffen es Licht im NIR-, VIS- und auch UV-Bereich zu liefern (Gerhard, 2016, S. 196). Halbleiterlaser werden in ganz alltäglichen Bereichen verwendet, so sind sie z.B. zum Lesen optischer Discs (DVD, CD, etc) nützlich, sie sind aber auch in Laserdruckern, in Laserpointern und –mikroskopen, sowie manchen Rauchmeldern zu finden (*Halbleiterlaser: Eigen-schaften und Anwendungsbereiche*, 2020).

Die Besonderheit bei chemischen Lasern ist der Vorgang der Erzeugung der Beset-zungsinvasion. Diese wird direkt durch eine chemische Reaktion erzeugt. Die Reakti-onsenergie ist größtenteils in Form von Vibrationsenergie der Moleküle gespeichert, weshalb die Laserübergänge *oft Vibrations-Rotationsübergänge innerhalb des elekt-ronischen Grundzustands sind. Diese Chemische Energie wird mit höchstens geringer Zufuhr weiterer Energie direkt in kohärente Strahlungsenergie umgewandelt. Da die reagierenden Atome oder Moleküle aber oft durch Photolyse oder elektrische Entla-dung etc. präpariert werden müssen sind die Laser meistens keine ausschließlich chemischen Laser. Jedenfalls stehen durch die chemische Reaktion enorme Energie-mengen zur Verfügung und es lassen sich hohe Laserleistungen verwirklichen. Damit in einem chemischen Laser eine Besetzungsinversion entstehen und der Laser funkti-onieren kann, muss die chemische Reaktion auf jeden Fall exotherm verlaufen und die absolute Produktionsrate größer sein als die Verluste spontane Emission und Stoßre-laxation. Sollte das Reaktionsprodukt außerdem in mehreren angeregten Zuständen gebildet werden, muss die Produktionsrate in einen tieferen Zustand unbedingt gerin-ger sein als die in einen höheren. Ein Beispiel eines chemischen Lasers ist ein Fluor-wasserstoff-Laser, welcher vor allem im militärischen Bereich Anwendung findet (Kneubühl & Sigrist, 2008).

Die letzte hier besprochene Laserart wird der Free-Electron Laser (FEL) sein. Dieser geht zurück auf ein älteres Konzept des sogenannten „undulators"[4] und eine Ver-wandtschaft zum Smith-Purcell-Effekt. Der Elektronenstrahl wird durch die Spiegelbild-kraft zu Wellenbewegungen gezwungen und somit zur Emission elektromagnetischer Wellen. Ein FEL hat somit kein laseraktives Medium. FELs erreichen sehr hohe Strah-lungsleistungen, an welche andere Strahlungsquellen kaum heranreichen, sind jedoch

---

[4] Gerät zur Erzeugung von Synchrotron Strahlung

im Gegensatz zu anderen Laserarten teuer und auch komplizierter herzustellen. Daher gibt es Weltweit nur einige Wenige FELs (Sigrist, 2018, S. 384). Was ein FEL so alles kann zeigt das Beispiel des XFEL, welcher in Hamburg stationiert ist. Mit ihm können Wissenschaftler z.B. die atomaren Details von Viren und Zellen abbilden oder dreidimensionale Bilder des Nanokosmos aufnehmen (*xFEL Scope*, o. J.).

5 Geschwindigkeitsmessung mit dem Laser

Eine weitere verbreitete Nutzungsmöglichkeit für Laser ist die Geschwindigkeitsmessung im Straßenverkehr. Dabei werden Lasermessgeräte sowohl als mobile, als auch als stationäre Blitzer eingesetzt, und sogar in Form von Laserpistolen. Während Laserpistolen dem Bediener die Geschwindigkeit anzeigen, funktionieren andere mobile Laser- Blitzer und auch stationäre ganz autonom und schießen oftmals noch dazu ein Foto des zu schnell fahrenden Fahrzeugs. Einige stationäre Laser-Blitzer können dabei sogar mehrspurige Straßen überwachen und erfassen auch Autos beim Spurenwechsel (Pander, 2013). Die Geschwindigkeitsmessung per Laser beruht meistens auf dem Laserpuls-Prinzip, also der Laufzeitmessung. Dazu werden kurz hintereinander zwei oder mehr Lichtpulse ausgesendet welche vom Fahrzeug reflektiert werden. Da die Ausbreitungsgeschwindigkeit der Pulse konstant ist, kann durch Messung der jeweiligen Pulslaufzeit die Fahrzeugentfernung zum jeweiligen Fahrzeug gemessen werden. Durch das bilden der Differenzen kann also die Fahrtgeschwindigkeit errechnet werden. Der Grundsätzliche Aufbau eines Lasermessgerätes ist dabei sehr einfach. Verbaut sind ein Laser, welcher den Strahl aussendet, sowie parallel dazu ein Empfangselement, auf welches der reflektierte Strahl auftrifft (Hascher, 2021).

Im vereinfachten Aufbau fährt hier ein Auto direkt auf den Laser-Messer zu:

Abbildung 5: Geschwindigkeitsmessung mit dem Laser

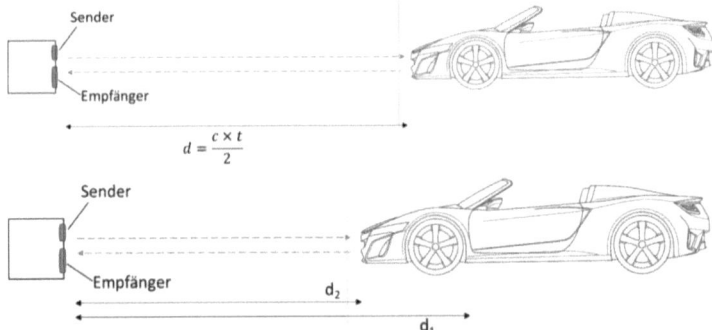

Das Auto fährt frontal auf den Laser zu. Der Laser sendet mehrere Lichtimpulse in Richtung Auto, welche von diesem (meistens vom Nummernschild) reflektiert und zurückgeworfen werden. (Quelle: eigene Darstellung).

Da die Geschwindigkeit des Laserstrahles bekannter Weise die Lichtgeschwindigkeit ist, kann mit einer einfachen Formel die Entfernung des Autos ausgerechnet werden. Durch die Entfernungsveränderung des Autos zwischen zwei (oder mehr) gesendeten Laserpulsen kann dann eine Geschwindigkeit errechnet werden. Hier dazu ein Beispiel:

d = Distanz c = Lichtgeschwindigkeit = 299792458 m/s t = Zeit s = Geschwindigkeit	$d = \frac{c \cdot t}{2}$	$s = \frac{d_1 - d_2}{t}$

$$d_1 = \frac{c \cdot 6,67128e^{-7}\,sek}{2} \quad \Rightarrow \quad d_1 = 100,00m$$

$$d_2 = \frac{c \cdot 6,67128e^{-7}\,sek}{2} \quad \Rightarrow \quad d_2 = 61,11m$$

Der Laser schickt einen Impuls, welcher $6,67128e^{-7}$ Sekunden braucht bis er wieder beim Empfänger ankommt. Dann beträgt die Entfernung zum Auto 100m. Eine Sekunde Später ist das Auto nur noch 61,11m entfernt. Daraus ergibt sich eine Geschwindigkeit von 38.89 m/s, was fast genau 140 km/h entspricht:

$$s = \frac{100m - 61,11m}{1sek} \quad \Rightarrow \quad s = 38,89 \text{ m/sek} \approx 140 \text{ km/h}$$

Da in der Realität jedoch niemals genau frontal gemessen wird ergeben sich durchaus Messfehler. Damit diese in einem vertretbaren Rahmen bleiben gibt es daher genaue Vorschriften wie die Geschwindigkeitsmesser aufgestellt werden (diese rechnen die Fehler teilweise sogar raus), bzw. wie eine Laserpistole verwendet wird. Grade bei letzterer tritt dann der Cosinus Effekt auf, welcher sich aber, je größer der Winkel zwischen Messrichtung und Fahrtrichtung ist, zugunsten des Fahrers auswirkt, d.h. die angezeigte Geschwindigkeit ist geringer als die tatsächlich gefahrene. Hier folgt eine Beispielrechnung, inklusive bildliche Darstellung um den Sachverhalt zu demonstrieren.

Abbildung 6: Geschwindigkeitsmessung mit Messwinkel >0°

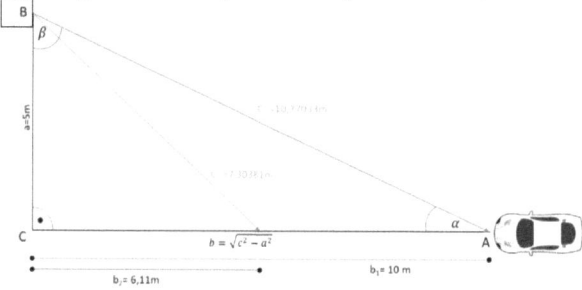

Der Laser misst die Entfernung zum Auto, sprich die grün dargestellten Dreiecksseiten. Durch den Satz des Pytagoras lässt sich die fehlende Seite des Dreiecks leicht berechnen und somit auch die in der Zeit zurückgelegte Strecke. Der Laser steht dabei an Punkt B mit genau 5 m Abstand zur Mitte der Fahrbahn (Punkt C), also am Straßenrand. (Quelle: eigene Darstellung).

Geht man bei diesen Werten von einem zeitlichen Messabstand von 0,1 Sekunden aus, so fährt auch dieses Auto etwa 140 km/h:

$$s = \frac{10m - 6,11m}{0,1sek} \qquad \Rightarrow \qquad s = 38,89 \text{ m/sek} \approx 140 \text{ km/h}$$

Wäre die Geschwindigkeit allerdings anhand der vom Laser gemessenen Abstandswerte (grün dargestellt) berechnet worden,

$$s = \frac{10,77033m - 7,30381m}{0,1sek} \qquad \Rightarrow \qquad s = 34,66 \text{ m/sek} \approx 125 \text{ km/h}$$

Warum dieser Fehler manchmal auch Cosinus Effekt genannt wird ist einfach: Die gemessene Entfernung steht in direktem Zusammenhang mit dem Kosinus des Winkels zwischen Radar und Geschwindigkeitsvektor des Autos, in der Abbildung gekennzeichnet als α. Die wahre Entfernung verkürzt sich um den Faktor cos(α).

Der Cosinus ist immer: $\cos = \frac{Ankathete}{Hypothenuse}$, was in diesem Fall bedeutet $\cos \alpha = \frac{b}{c}$.

Wir berechnen also $\cos \alpha = \frac{b}{c}$ $\qquad \Rightarrow \qquad \cos \alpha = \frac{10m}{10,77033m} = 0,9285$

Um diesen Faktor ist die gesuchte Strecke b kürzer als die gemessene Strecke c.

Hier: $10,77033\text{m} \times 0,9285 = 10m$

Je Größer der Messwinkel ist, desto größer ist der daraus resultierende Messfehler, sprich umso mehr weicht die gemessene Geschwindigkeit nach unten von der tatsächlich gefahrenen ab. Erreicht der Winkel dabei die 90° ist die angezeigte Geschwindigkeit 0, der Cosinus ist 0. Bei einem Winkel von 0° wird, wie schon erwähnt die korrekte Geschwindigkeit angezeigt, hier ist der Cosinus gleich 1. Daraus folgt, dass Messungen bei nicht exakter Frontalmessung, bedingt durch diesen sog. Cosinus Effekt zugunsten des Pkw-Fahrers erfolgen.

6 Fazit

Auch wenn der Bau des ersten Lasers noch nicht einmal 100 Jahre her ist, ist die Technik heutzutage nicht mehr aus unserem Leben wegzudenken. Durch die vielfältige Anwendung sind Laser vor allem in der Industrie, aber auch in der Medizin nicht mehr wegzudenken. Sie ermöglichen präzise Materialbearbeitung von Werkstoffen, wie sie durch reine Handarbeit und auch andere Hilfsmittel nicht möglich wäre. In der Medizin werden sie vor allem in der Dermatologie und der Augenheilkunde zur Hilfe genommen, finden aber auch in anderen Medizinischen Bereichen Anwendung. Auch in vielen Alltagsgeräten finden sich Laser Technologien und das ist bei weitem nicht alles. Doch trotz des Bereits breiten Anwendungsgebietes wäre es töricht hier die Grenzen zu ziehen. Grade weil das System des Lasers eben noch nicht so lange erforscht wurde. Die vielen Verwendungsmöglichkeiten ergeben sich nicht zuletzt durch die verschiedenen Laserarten welche ausführlicher in Kapitel 4 beschrieben werden. So kann man aufgrund des Lasermediums unterscheiden in Gaslaser, Farbstofflaser, Chemische Laser, Free-Electron Laser, Feststofflaser und Halbleiterlaser. Damit beantwortet diese Hausarbeit auch die erste Forschungsfrage.

Die zweite Frage bezog sich auf die geltenden physikalischen und mathematischen Gesetze. Trotz des Denkbar einfachen Aufbaus eines Lasers ist es vor allem zu beachten, dass es gar nicht so einfach ist einen Laserstrahl zu erzeugen. Es muss mindestens ein 3-Niveau System herrschen, in welchem durch korrektes und ausreichendes Pumpen eine Besetzungsinversion erzeugt wird. Auch die korrekte Ausrichtung der Spiegel ist wichtig um eine konstruktive Interferenz möglich zu machen und damit spontane Emission auszulösen. Kapitel 2 und Kapitel 3 befassen sich zur Beantwortung dieser Frage ausführlich mit der Funktionsweise eines Lasers.

Die Letzte Forschungsfrage bezog sich auf die Geschwindigkeitsmessung mit den Lasern, womit sich das diesem vorrangehenden Kapitel beschäftigt. Die Geschwindigkeitsmessung mit Laser ist bei der Polizei heutzutage weit verbreitet. Sie beruht meistens auf dem Laserpuls-Prinzip, also der Laufzeitmessung. Durch Messung der jeweiligen Pulslaufzeit kann die Fahrzeugentfernung zum jeweiligen Fahrzeug gemessen werden Und schließlich die Geschwindigkeit ermittelt werden. Wichtig ist es zu erwähnen, dass eine korrekte Messung nur bei Frontaler Messung möglich ist, ansonsten müssen einige weitere Rechenschritte durchgeführt werden um Abweichungen auszurechnen. Die Hausarbeit gibt zudem einen generellen Überblick über das Thema Laser. Aufgrund des begrenzten Umfangs sind einige Themen nur angeschnitten worden, jedoch ist diese Hausarbeit für einen ersten Überblick sehr gut geeignet.

7 Literaturverzeichnis

Bammel, K. (1998). Interferenz. *Spektrum.de*. Verfügbar unter: https://www.spektrum.de/lexikon/physik/interferenz/7326 (15.3.2021).

Barth, R. (1999). Farbstofflaser. *Spektrum.de*. Verfügbar unter: https://www.spektrum.de/lexikon/optik/farbstofflaser/922 (15.3.2021).

Bäuerle, Prof. Dr. D. (2009). *Laser: Grundlagen und Anwendungen in Photonik, Technik, Medizin und Kunst*. Weinheim: John Wiley & Sons.

Eichler, H.-J. & Eichler, J. (2007). *Laser: Bauformen, Strahlführung, Anwendungen* (6. Auflage). Berlin: Springer-Verlag.

Eichler, H.-J. & Eichler, J. (2013). *Laser: High-Tech mit Licht*. Berlin: Springer-Verlag.

Gerhard, C. (2016). *Tutorium Optik: Ein verständlicher Überblick für Physiker, Ingenieure und Techniker*. Heidelberg: Spektrum Akademischer Verlag.

Haferkorn, H. (2003). *Optik: Physikalisch-technische Grundlagen und Anwendungen* (4. Auflage). Weinheim: John Wiley & Sons.

Halbleiterlaser: Eigenschaften und Anwendungsbereiche. (2020). *Rohm Semiconductor*. Verfügbar unter: https://www.rohm.de/electronics-basics/laser/semiconductor-laser (15.3.2021).

Hascher, W. (2021, September 24). Geschwindigkeits-Messtechnik: Wie die »Blitzer« funktionieren. *Elektroniknet*. Verfügbar unter: https://www.elektroniknet.de/messen-testen/wie-die-blitzer-funktionieren.113046.html (15.3.2021).

Hering, E. (2017). *Optik für Ingenieure und Naturwissenschaftler: Grundlagen und Anwendungen*. (Martin, R., Hrsg.). München: Carl Hanser Verlag GmbH Co KG.

Kneubühl, F. K. & Sigrist, M. W. (2008). *Laser* (7. Auflage). Wiesbaden: Vieweg+Teubner.

Pander, J. (2013, Oktober 10). Geschwindigkeitskontrolle: So funktionieren die Blitzer der Polizei - DER SPIEGEL. *Spiegel Mobilität*. Verfügbar unter: https://www.spiegel.de/auto/aktuell/geschwindigkeitskontrolle-so-funktionieren-die-blitzer-der-polizei-a-926918.html (15.3.2021).

Radloff, W. (2010). *Laser in Wissenschaft und Technik*. Heidelberg: Spektrum Akademischer Verlag.

Schulz, S. & Tschentscher, C. (o. J.). Der Rubinlaser. *Universität Osnabrück.* Verfügbar unter: https://www.physikdidaktik.uni-osnabrueck.de/uploads/material/diverses/agdidaktik_rubinlaser.pdf (15.3.2021).

Sigrist, M. W. (2018). *Laser: Theorie, Typen und Anwendungen* (8. Auflage). Berlin: Springer-Verlag.

Was ist Laserstrahlung? (2020). *Bundesamt für Strahlenschutz.* Verfügbar unter: https://www.bfs.de/DE/themen/opt/anwendung-alltag-technik/laser/einfuehrung/einfuehrung_node.html (15.3.2021).

Wynands, R. (2008). Der Laser als Allzweck-Werkzeug. *Uni Bonn.* Verfügbar unter: https://astro.uni-bonn.de/~deboer/pdm/laser/laser.html (15.3.2021).

xFEL Scope. (o. J.). *European XFEL.* Verfügbar unter: https://www.xfel.eu/science/scope/index_eng.html (15.3.2021).